DU FEU

ET

DE LA COMBUSTION

LEÇON PROFESSÉE A ANGOULÊME

LE 20 FEVRIER 1866,

PAR

M. GILLOT SAINT-EVRE,

Professeur de chimie à la Faculté des Sciences
de Poitiers.

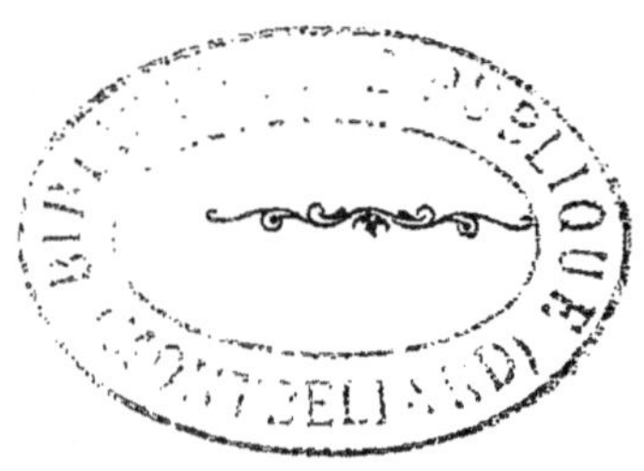

POITIERS,

IMPRIMERIE DE A. DUPRÉ,

RUE DE LA MAIRIE, 10.

—

1866.

DU FEU

ET

DE LA COMBUSTION

Dans les sciences expérimentales, à côté des grandes vérités découvertes par le génie de l'homme, on rencontre souvent, comme contre-partie, l'erreur qui en précède ou en accompagne la démonstration. Si l'étude approfondie des premières est de nature à nous inspirer un sentiment d'admiration et même d'orgueil, l'histoire de la seconde nous fournit, à son tour, un sujet utile de méditation et d'enseignement.

Rien n'est plus vrai, rien n'est plus directement applicable à l'histoire scientifique des interprétations données aux phénomènes dits phénomènes de combustion. Nous n'en connaissons pas de plus remarquables, de plus propres à frapper l'œil, même le plus indifférent, par leur importance, leur éclat, leur durée. Il n'en est point dont l'explication ait été plus pénible, plus obscure, plus fausse pendant une longue période de siècles écoulés.

Le feu du ciel tombe sur un arbre et l'embrase ; l'homme accourt. De suite, il constate et utilise à son profit la chaleur dégagée et la lumière produite. Dans le résidu de la combustion, il observe une substance grise, terreuse, pulvérulente, fusible : la cendre, dont un jour il se servira pour la fabrication du verre. Il remarque des fragments d'une matière solide, noire, brillante, conductrice de la chaleur, combustible en produisant une température bien plus élevée que le bois dont elle provient. Le charbon est découvert. Ses propriétés ne tardent pas à être connues et appliquées. Une suite d'accidents vraiment providentiels font connaître les effets dus au contact du charbon avec certaines substances terreuses que nous appelons aujourd'hui les oxydes métalliques. Sous l'influence du feu, l'homme voit ces terres diverses changer d'apparence et d'aspect. Il trouve au fond de son foyer, devenu un creuset, une masse fusible, malléable, pesante sous un petit volume, tantôt rouge, c'est le cuivre ; tantôt d'un gris bleuâtre, c'est le plomb ; tantôt d'un blanc jaunâtre, c'est l'étain. Les métaux utiles, cuivre, plomb, étain, sont découverts. Autant il y aura de métaux fusibles et d'oxydes facilement réductibles, autant il y aura de nouvelles conquêtes faites sur la matière. Mais bientôt les procédés de fusion se perfectionnent : on invente, on prépare et on emploie les alliages, ces nouveaux métaux composés d'éléments métalliques différents, et chez lesquels les défauts des uns sont corrigés et compensés par les qualités des autres. Le bronze et, longtemps après lui, le fer fournissent à l'homme des armes et des ustensiles bien supérieurs aux instruments de pierre, d'os, de bois ou d'argiles grossières des premiers âges, et l'état relatif de la civilisation reçoit dans la voie du progrès une impulsion puissante et durable.

C'est donc à l'application du feu, c'est à l'emploi intelligent du charbon que l'homme doit ses premières notions de métallurgie et la découverte des métaux usuels, véritables trésors, plus précieux que ceux qui, aujourd'hui encore, en conservent le nom. Connus les premiers à l'état natif, tout leur mérite réside dans une *forte densité* et une inaltérabilité relative, qui ne permettaient guère, à ces époques, d'en faire autre chose que des objets d'ornement.

Ce ne fut qu'au bout d'un long temps qu'ils méritèrent enfin ce titre de métaux précieux, en devenant un moyen de commerce et d'échange, un symbole matériel de puissance et de prospérité. C'est là encore une phase distincte et fatale en quelque sorte de l'histoire des matières métalliques au milieu de la marche générale de la civilisation.

Qu'est-ce donc que ce feu si précieux pour l'homme, ce feu dont la chaleur lui conserve la vie, dont la lumière l'éclaire et le protége dans les ténèbres, ce feu dont l'application intelligente l'a doté des métaux utiles? A coup sûr, il serait superflu d'affirmer que ce phénomène, où éclatent à la fois la chaleur et la lumière, ait dû dès le premier jour exciter la curiosité ou le respect des races humaines. Image du soleil, le feu avait des temples, des autels, un culte dans l'Inde, en Amérique, dans le pays des Incas. A Rome, l'autel de Vesta était la symbolisation religieuse du foyer domestique. Mais comment, sans une analyse profonde, aussi bien que sans une science complète, isoler, pour les soumettre à un examen séparé, les divers éléments d'une question aussi complexe? comment constater et déterminer les rapports des différents éléments mis en présence, soit entre eux, soit avec leurs produits de transformation? comment croire que les conditions d'un foyer qui brûle sont presque identiques à celles d'un animal qui respire, que là où s'éteindra la bougie l'animal ne tardera pas à périr? comment admettre, enfin, une étroite analogie entre les éclatants phénomènes du feu et les mystérieusces manifestations de la vie?

Aujourd'hui, fiers, et à bon droit, des résultats acquis, nous avons peine à comprendre et à admettre qu'il ait fallu, pour les obtenir, tant de siècles écoulés, la création d'une science nouvelle et le génie de trois grands hommes. Le dernier, le plus illustre de tous, vivait encore dans les premiers jours de 1793. C'est vous dire qu'un siècle n'a pas encore passé sur cette révélation de la science et du génie de l'homme.

Déjà l'année dernière, à pareille époque, j'ai essayé de vous faire connaître l'air atmosphérique envisagé dans ses rapports avec l'histoire de la science et les phénomènes de la vie. Nous avons défini la combustion ; nous en avons établi et discuté les conditions générales et nécessaires. J'ai cherché à vous montrer la notion de cette idée, nulle dans l'antiquité, ténébreuse chez les alchimistes, obscure et indécise chez leurs successeurs, devinée, presque entrevue par quelques esprits d'élite au XVIIe siècle (Brun, Bayen, Jean Rey, Nicolas Lefèvre, Mayow), puis venant enfin éclore, lumineuse et triomphante, sur les plateaux de la balance de Lavoisier. L'esprit prédestiné de Paracelse, l'esprit universel de Lefèvre, l'air déphlogistiqué de Priestley, l'air du feu, l'air vital, prend un corps, un poids, un nom, devient une espèce chimique, et s'appelle principe oxygine. On en fit plus tard, et par euphonisme, oxygène.

Mais alors tout devient facile et tout s'explique. L'oxygène est découvert ; partant, on connaît la composition de l'air atmosphérique : c'est un mélange d'oxygène et d'azote. On connaît la composition de l'eau, oxygène et hydrogène, celle de l'acide carbonique, oxygène et carbone. Si l'air est un milieu comburant gazeux, l'eau et l'acide carbonique sont des produits de combustion et d'oxydation. La combustion n'est plus qu'un cas particulier d'un phénomène général, la combinaison de deux corps doués l'un pour l'autre d'affinités puissantes, et dont la mesure est donnée en quelque sorte par la chaleur dégagée et la lumière produite. Nous distinguons dans la combustion le corps comburant, le corps combustible, les produits de la combustion, la température de la combustion. Pour que la combustion soit complète, le raisonnement et l'expérience s'accordent à établir les conditions secondaires suivantes : 1° un milieu comburant gazeux, 2° les produits de combustion gazeux également, c'est-à-dire dépourvus de cohésion, facilement éliminables et miscibles avec le milieu comburant. Bientôt on ne tarde pas à reconnaître l'importance, un peu exagérée, que, sous la pression de tels faits, on a dû accorder à l'oxygène. On constate que le chlore et le soufre sont aussi ou peuvent devenir des milieux comburants. On démontre que si l'hydrogène, le charbon, le soufre, le phosphore, le fer, brûlent dans l'oxygène, on brûlera également, au contact du chlore, l'antimoine, l'arsenic, le phosphore, le clinquant, le cuivre, comme aussi le plomb et le cuivre, au contact du soufre et sous l'influence d'une température convenable. En sorte que si l'oxygène a perdu quelque chose de son importance individuelle, la science a gagné d'autant au point de vue de la généralisation du phénomène.

Maintenant qu'est-ce que la flamme? Est-ce un phénomène analogue à celui que nous présente un morceau de charbon porté à l'incandescence après calcination préalable? On peut dire d'une manière générale :

La flamme est le lieu où s'opère la combustion d'un corps. Suivant les circonstances qui déterminent ou accompagnent sa production, le phénomène de la flamme présente des apparences lumineuses de colorations diverses qui suivent immédiatement l'incandescence. Ces nuances sont connues et employées dans l'industrie métallurgique, comme correspondant à des températures spéciales.

En plongeant une lame de platine dans un foyer, et déterminant la température correspondante, M. Pouillet a trouvé que le rouge naissant était voisin de 525°; que le rouge sombre correspondait à 700°, le cerise naissant à 800°, le cerise clair à 1000°, le blanc à 1300°, le blanc soudant à 1400°, et le blanc éblouissant à 1500°.

Considérons maintenant, non pas une flamme simple comme celle de l'hydrogène, mais une flamme composée, celle d'une bougie ou du gaz, par exemple. En allant de l'intérieur à l'extérieur, on y distingue quatre parties :

1° Un noyau central obscur, entourant la mèche ;

2° Autour du noyau, une zone lumineuse, très-brillante, terminée en pointe et enveloppant le noyau comme un manteau ;

3° En dehors, au-dessus et autour de cette zone lumineuse, une troisième enveloppe fort peu lumineuse et terminée en pointe ;

4° A la base, où le corps combustible subit à la fois l'évaporation et un commencement de distillation, on trouve une enveloppe bleue d'une nuance plus ou moins foncée, et accompagnant la flamme jusqu'au moment où sa surface devient verticale.

Nous avons décrit la flamme, observons maintenant les effets produits.

C'est à la pointe de la flamme que les effets calorifiques sont les plus sensibles. On y trouve réunies les conditions d'une température élevée, d'un corps combustible et d'un milieu comburant gazeux. Il est facile de s'en convaincre en introduisant à la partie supérieure de la flamme un tube communiquant avec l'ingénieux aspirateur de M. Nicklès. On ne trouve qu'un mélange d'azote et d'acide carbonique. L'azote n'intervient d'aucune manière et provient de l'air atmosphérique. L'acide carbonique est le terme d'oxydation le plus avancé qui puisse se produire. La combustion est complète.

Il n'en est pas de même dans les autres parties de la flamme. Au centre, on constate la présence d'hydrocarbures gazeux qui ne sont ni brûlés ni décomposés. Partout ailleurs on ne trouve que des mélanges d'azote et d'oxyde de carbone ou d'acide carbonique.

Établissons d'abord que la partie moyenne est à une température relativement peu élevée. Au centre de la flamme d'une lampe à alcool introduisons une lame de platine chargée d'un petit cône de poudre à tirer et surmontée d'un fragment de fulmicoton : ce dernier s'enflamme à une température voisine de 80° ; la poudre reste parfaitement inaltérée.

Quant à la partie inférieure de la flamme, elle est constamment refroidie, d'un côté par l'air ambiant, de l'autre par la distillation et l'évaporation du corps combustible. Les hydrocarbures produits par cette distillation ne sont ni décomposés ni brûlés. C'est, au contraire, dans la partie brillante et lumineuse que pénètrent les hydrocarbures formés. Là, ils se décomposent en donnant naissance à du charbon qui se dépose. Si d'ailleurs, dans cette zone brillante, on vient à interposer un corps froid, un fragment de porcelaine, on ne tarde pas à voir la surface se recouvrir d'un abondant dépôt de charbon. Mais, en raison de la température élevée, ce charbon est porté à l'incandescence ; de plus, privé du contact de l'air, il ne saurait brûler. C'est donc ce charbon porté à l'incandescence, sans pouvoir rencontrer un volume d'oxygène suffisant pour le brûler, qui produit le phénomène de lumière. On est ainsi conduit à admettre l'intervention d'un corps étranger, solide et restant inaltéré. L'expérience justifie l'hypothèse ; car on peut rendre éclairante une flamme qui ne l'est pas, celle de l'hydrogène ou de l'oxyde de carbone, au moyen de l'interposition d'un corps solide et fixe, tel que l'argile, l'amianthe, la craie, un fragment de fil, de toile ou de lame de platine. Voulez-vous donner à la flamme pâle de l'hydrogène les propriétés éclairantes de la flamme du gaz? faites traverser au courant d'hydrogène une couche d'huile de pétrole, de schiste, de benzine, de térébenthine ou d'un hydrocarbure très-chargé en carbone, et vous obtiendrez des effets identiques.

Réciproquement, pour rendre calorifique une flamme éclairante il suffira de brûler le charbon intérieur ; la lumière cessera de se produire, mais la chaleur sera singulièrement développée. C'est ce que réalisent les charmants appareils imaginés par M. Wiesnegg. Représentez-vous un bec de gaz entouré, à 20 centimètres de son orifice, d'un manchon tournant à frottement sur le tube et percé de deux trous. Le tube lui-même est perforé de deux trous placés. comme ceux du manchon, aux deux extrémités d'un même diamètre. Quand les trous du manchon correspondent à ceux du tube, un courant d'air s'établit à l'intérieur de la flamme; elle cesse d'être éclairante et devient calorifique ; fermez les orifices en tournant le manchon d un quart de tour, et vous rendez instantanément à la flamme ses propriétés éclairantes.

Tous ces résultats ont été appliqués avec bonheur dans les appareils à chauffage au gaz. A Berlin, on emploie aux usages culinaires et domestiques l'équivalent de 20,000 becs de gaz. Si l'économie est considérable, cette application n'en comporte pas moins certains inconvénients et certains dangers. Un robinet mal fermé peut déterminer l'asphyxie des habitants d'une maison pendant leur sommeil. Il est encore fort heureux que l'odeur propre au gaz puisse servir de moyen d'avertissement.

Pourquoi dans les chandelles, les lampes de cuisine et de campagne, la flamme est-elle rouge et fumeuse? C'est que la combustion est incomplète et la température insuffisante. Il se dépose à l'intérieur une trop grande quantité de charbon, faute d'un volume d'air ou d'oxygène suffisant pour le brûler. A peine les hydrocarbures produits arrivent-ils à l'incandescence. C'est ainsi que les Chinois, en brûlant incomplétement certaines huiles, recueillent dans de longs conduits le charbon nécessaire à la fabrication de leurs encres. Mais, d'un autre côté, il ne faudrait pas non plus un excès d'air trop considérable, car, en refroidissant la flamme ou brûlant trop de charbon, on lui enlèverait ou de la chaleur ou de la lumière, ou même les deux à la fois.

C'est ce qui constitue le mérite de l'invention d'Argand en 1789, aussi bien que de l'application plus modeste qu'en fit Quinquet, son ouvrier, son imitateur, pour ne pas dire son plagiaire. La mèche cylindrique en coton est mobile sur crémaillère, humectée d'huile par capillarité et traversée par un courant d'air intérieur. Le courant est régularisé et lancé avec la rapidité convenable par l'emploi de la cheminée et de l'étranglement du verre. Carcel y ajouta des pompes foulantes mises en jeu par un mouvement d'horlogerie à régulateur, et Girard fit pour le même objet une heureuse application du principe de la fontaine hydrostatique.

Les résultats en sont excellents. La flamme est blanche, à

nappe immobile, à la fois calorifique et lumineuse au degré voulu.

Pour le gaz, c'est la même chose. L'extrémité du bec est percée soit d'une série de trous disposés en couronne, soit d'une fente transversale dont le plan est perpendiculaire à l'axe de la rue à éclairer. Mais la flamme éprouve dans de telles conditions des oscillations continuelles, fatigantes pour les yeux, particulièrement dans les salles d'étude et les bibliothèques. M. Maccaud, en 1846, parvint à la régulariser par l'emploi d'une gaze métallique. On remplace aujourd'hui la toile métallique par un culot de porcelaine dure percé de trous contigus. M. Gillard, à la même époque, inventa le bec qui porte son nom. Un cylindre en toile de platine rend éclairante la flamme d'un mélange de 76 0|0 d'hydrogène avec le complément en oxyde de carbone et acide carbonique provenant de la décomposition de la vapeur d'eau par le charbon. Ce modèle fonctionne encore dans les ateliers de la maison Christofle, à Paris.

Nous avons, vous le voyez, singulièrement amélioré nos procédés d'éclairage par l'emploi d'un courant d'air passant, avec une vitesse très-modérée, dans l'intérieur de la flamme. Augmentons et le volume de l'air et sa vitesse ; employons un courant d'air forcé, et nous obtenons de suite, avec le gaz d'éclairage, les effets particuliers à l'instrument qu'on appelle *chalumeau*. De suite, tout ce qui est combustible est brûlé ; la flamme cesse d'être éclairante pour devenir calorifique. Réduisante à sa base, oxydante à sa pointe, elle se prête merveilleusement à toutes les exigences du travail des bijoutiers, des émailleurs, des essayeurs, et, dans nos laboratoires, au soufflage du verre. Dans les grands ateliers de Manchester et de Paris, le dard du chalumeau est devenu un outil d'une précision exquise. Un ouvrier promène sa flamme comme un pinceau de feu sur les couvre-joints des feuilles de plomb, et détermine ainsi la soudure autogène du métal.

Au lieu d'air, employons un courant forcé d'oxygène. Déjà, avec l'air et le gaz d'éclairage, on peut arriver à la fusion du platine. L'oxygène détermine, comme on le conçoit facilement, une température énorme. Un globule de platine, fondu au dard de la flamme et projeté au travers d'une couche d'eau de 20 centimètres d'épaisseur, conserve encore assez de chaleur pour fondre le verre de l'éprouvette et s'y incruster. Souvenons-nous ici que 1 gr. d'hydrogène brûlé par 8 gr. d'oxygène développe 25,000 calories, ou la chaleur nécessaire pour fondre 315 fois son poids de glace, et que 1 gr. de charbon développe en brûlant 2405 calories pour faire de l'oxyde de carbone, et 8080 pour acide carbonique. Aussi la métallurgie du platine est-elle aujourd'hui complétement modifiée, et vous avez pu voir, à l'exposition, des lingots de ce métal pesant 50 kilogrammes.

La flamme du chalumeau est incolore, à peine bleuâtre. Voulez-vous y ramener la lumière et la rendre éclairante? interposez un corps solide et fixe comme un morceau de craie taillé en pointe, et vous aurez ce qu'on appelle la lumière de Drummond, qui n'est que 140 fois plus faible que celle du soleil. Aussi l'a-t-on de suite employée pour l'éclairage du microscope.

Voulez-vous une lumière plus éclatante encore? faites brûler un fil de magnésium, et vous aurez une lumière dont l'action photochimique n'est que $36^{fois}6$ plus faible que celle du soleil, d'après les dernières mesures de M. Bunsen. Aussi a-t-on promptement construit une lampe à magnésium. Un fil de ce métal de 0 millim. 297 de diamètre éclaire autant que 74 bougies stéariques Cette flamme, qui doit sa lumière à l'interposition de la magnésie, a pour premier mérite son uniformité et son immobilité. De là, malgré le prix élevé du magnésium, 7 à 8 fr. le gramme, les applications à la photographie et aux opérations de sauvetage à de grandes profondeurs sous l'eau.

Vous le voyez, les faits peuvent varier dans leurs détails ; mais le principe fondamental de la combustion les domine et les explique. Si la présence du corps comburant est indispensable, il n'est pas toujours nécessaire qu'il soit à l'état gazeux ; très-souvent il intervient à l'état condensé ou de combinaison soit comme oxyde, soit comme sel. Les oxydes de plomb , d'argent , de mercure, les nitrates. les chlorates , quelques chromates . abandonnant facilement leur oxygène, sont en quelque sorte désignés d'avance au choix des chimistes.

C'est ainsi qu'on obtient des mélanges détonants avec le charbon , avec le soufre , le sulfure d'antimoine pris comme combustible, et le chlorate de potasse ou le nitre employés comme comburants.

1° La poudre à canon , mélange de nitre, de charbon et de soufre. s'enflamme entre 350 et 400°. C'est un moyen de produire un énorme développement de gaz avec un corps solide occupant un petit volume. Ces gaz sont composés d'acide carbonique, d'oxyde de carbone, d'hydrogène carboné, d'azote, de sulfure de carbone, de carbonate d'ammoniaque, réduits en vapeur. Un litre de poudre française produit 400 l. de gaz. La température pouvant s'élever jusqu'à 2400°, le volume gazeux est presque décuplé, et le rapport devient celui de 1 à 4000. Il est remarquable que l'absence du soufre ôte beaucoup au mélange de sa force de projection. Le soufre reste, dans le résidu, à l'état de sulfate, et empêche par conséquent l'absorption d'une quantité correspondante d'acide carbonique. A toutes ces conditions chimiques viennent se joindre , pour augmenter la portée de l'arme , l'emploi d'un projectile mou comme le plomb, susceptible de se mouler dans les rayures du canon ou d'être forcé contre les parois par ce qu'on appelle la tige dans les carabines Minié. Ce sont autant de moyens mécaniques d'augmenter la pression du mélange gazeux.

2° Le fulmicoton ne brûle instantanément et sans résidu que parce qu'il a fixé une quantité convenable d'oxygène sous forme de vapeur nitreuse. L'excessive division des fibres de cette cellulose se prête à l'inflammation, qui a lieu vers 75°, et à une combustion à la fois complète et instantanée. Les gaz dégagés sont de l'azote, de l'acide carbonique, de l'oxyde de carbone, de la vapeur d'eau et des traces de vapeur cyanhydrique.

3º Les fulminates à base d'argent et de mercure détonent, même humides, par le frottement, le choc, la chaleur. Les accidents sont terribles. Les statistiques nous apprennent que les fabriques de fulminates sautent tous les quatre ou cinq ans. Dans des explosions de cette nature, Figuier, de Montpellier, perdit un œil; Barruel, de Paris, une main; Bellot, Julien Leroy, Hennell, à Londres, y perdirent la vie. La force de projection du gaz est de 20 à 30 fois plus considérable que celle de la poudre ordinaire. Les bonbons fulminants, les pétards, les bandes de papier explosif que des voyageurs peureux fixent la nuit à la porte de leurs chambres, les capsules de nos armes à feu, les balles explosives de Devismes doivent à l'emploi des fulminates leurs propriétés détonantes ou leurs effets destructeurs.

On connaît et on emploie dans les ateliers d'artifice des mélanges de chlorate de potasse et de lycopode, des mélanges de chlorate et de sciure de bois, de résine, de sucre, de prussiate jaune, de sulfure d'antimoine ou de cinabre. Il suffit, pour obtenir l'explosion, de leur appliquer la percussion, la chaleur, ou de les toucher avec une goutte d'acide sulfurique. C'est toujours l'oxygène de l'acide chlorique qui, mis subitement en liberté, détermine et entretient la combustion.

Toutes ces préparations, diverses pour la forme, mais identiques par le principe, répondent pour l'homme à un besoin de son existence : se procurer de la lumière et du feu. Mais il ne suffit pas de mettre en présence le comburant et le combustible. La combustion, devant être immédiate, exige une température comprise entre 500° au moins et 600°. Aussi a-t-on vu l'homme employer successivement divers appareils.

1º Des morceaux de bois sec, de dureté inégale et frottés les uns contre les autres, finissent par s'enflammer : c'est le procédé des sauvages, très-inexactement décrit dans les romans.

Il faut que trois ou quatre personnes se relayent pour assurer au frottement la rapidité nécessaire, et l'expérience, *quand elle réussit*, ne donne pas généralement de feu avant 20 ou 30 minutes.

2° Dans le briquet de silex, à chaque coup frappé contre le corps dur, un morceau du métal est enlevé et porté à l'incandescence. Il brûle à l'air et communique le feu au corps combustible, amadou ou papier préparé.

3° Il est, Messieurs, un petit appareil bien modeste, et dont le nom seul est de nature à faire sourire beaucoup de personnes peut-être : c'est de l'allumette qu'il s'agit, et on a bien plutôt fait de la brûler que de comprendre tout ce qu'il y a, dans une telle préparation, de science employée et d'obstacles surmontés. Aujourd'hui ce sont les forêts de la haute Autriche, de la Bohême, aussi bien que la forêt Noire, qui nous fournissent les tiges d'allumettes. Une seule fabrique de Bohême en livre annuellement 10 milliards au commerce, sans compter 2 milliards de petites caisses ordinaires, cent mille grandes caisses pour l'exportation, et une quantité considérable d'allumettes dites de luxe. En Autriche, la fabrication fournit 250 milliards d'allumettes d'une valeur de plus de 5 millions de francs, et occupe plus de 6,000 ouvriers. La France ne produit guère que 3 milliards d'allumettes. Il existe en Lorraine 3 usines occupant un personnel de 800 ouvriers. Enfin, et ce n'est pas le trait le moins curieux de l'histoire des allumettes, cette question, sortant du laboratoire du chimiste et de la fabrique de l'industriel, s'est élevée tout à coup à la hauteur d'une question d'économie politique devant la première assemblée délibérante de notre pays.

Tout le monde connaît l'allumette soufrée. Le bois de la tige, en le supposant sec, commence à s'altérer vers 200°. L'utilité du soufre n'a pas besoin d'être démontrée. La flamme n'éclatant que vers 500° au moins, et le soufre étant fusible à 109 et inflammable à 260, c'est à peu près 250° qu'on a gagnés ; mais il faut enflammer le soufre.

Les chimistes emploient, depuis 60 ans environ, un briquet dit briquet de laboratoire, et ajoutant à l'emploi de l'allumette soufrée un grand perfectionnement. On détache, avec le bout soufré de l'ancienne allumette, un petit fragment de phosphore, et on frotte vivement contre un corps rugueux, tel qu'un bouchon. Le phosphore est fusible presque à la chaleur de la main et inflammable vers 70°, D'ailleurs il se combine au soufre avec une sorte d'explosion. Le sulfure de phosphore, en brûlant, détermine la fusion et l'inflammation du soufre en excès, puis enfin la combustion de la tige. Ce fut là un très-grand progrès ; mais le haut prix du phosphore et les dangers de son maniement durent nécessairement en restreindre l'emploi à l'enceinte des laboratoires.

De 1808 à 1813. on vit paraître les briquets dits briquets oxygénés. C'est toujours une tige soufrée préalablement, garnie d'un mélange combustible mis en pâte, et formé de chlorate, de lycopode, de soufre, de gomme arabique, et teinté de bleu ou de rouge au moyen du bleu de Prusse ou du cinabre. Aujourd'hui on ajoute une quatrième couche par immersion dans un bain de stéarine. La combustion et l'inflammation sont déterminées en plongeant l'allumette dans une petite fiole garnie d'amanthe et imprégnée d'acide sulfurique : c'est le briquet Fumade.

En 1831, Etienne Rœmer, à Vienne, substitua au sapin, au tremble ou au tilleul le pin du Sud dépourvu de nœuds. Ce fut un grand progrès. L'emploi de son rabot, dont le fer est percé de trois trous, permet à un seul ouvrier de débiter 450,000 tiges par jour. Vers 1832, on vit apparaître les allumettes à friction ; la pâte est un mélange de chlorate, de sulfure d'antimoine et de gomme ; le frottoir est garni de verre pilé ou de sable fixé au moyen de gélatine. Ce genre d'allumettes présente des inconvénients. Il y a détonation et projection de la matière combustible, et souvent des accidents de brûlures ou de blessures plus ou moins graves se sont manifestés.

Ce fut en 1833 que , supprimant le sulfure d'antimoine, on

introduisit dans la fabrication de la pâte le phosphore Le phosphore
est converti en sulfure, puis mêlé au chlorate, empâté par la
gomme ou la dextrine, coloré par le bleu de Prusse et recouvert
d'un vernis de stéarine.

Il n'est point besoin d'insister sur les dangers et les accidents du
séchage à l'étuve. Aussi chercha-t-on à remplacer le chlorate par
l'oxyde puce de plomb, puis par l'azotate de plomb, et la gomme
par la gélatine. Ce furent là deux grands perfectionnements.

Ici, Messieurs, la fabrication de l'allumette dite chimique, et mé-
ritant ce nom, change de face et prend d'énormes proportions. En
France, il se crée une industrie, celle du phosphore, dont le prix
ne tarde pas à descendre à 7 ou 8 fr. le kilogramme. Environ
500,000 kilogrammes d'os sont enlevés annuellement à l'agriculture ou à la fabrication du sucre. Il en résulte une production
annuelle de 60,000 kilog. de phosphore, dont 24,000 kilog. pour
l'exportation, et une valeur sur le marché de plus de 500,000 fr.

Ici, Messieurs, commencent les inconvénients et les dangers de
toute nature. C'est qu'il est trois applications du phosphore sur
lesquelles on ne saurait trop insister.

La première s'appelle, en thérapeutique, la carie des os maxil-
laires, maladie insidieuse dans ses débuts, toujours grave, souvent fatale dans sa terminaison. A l'iodisme, aux maladies pro-
fessionnelles du plomb, du cuivre et du mercure. il faut ajouter
celle du phosphore.

Les deux autres applications du phosphore ne sont pas moins
terribles. Sur les bancs de la cour d'assises, elles s'appellent empoisonnement et incendie.

Remarquez-le bien : dans les anciens briquets, la flamme n'éclate
que par la mise en contact de deux organes distincts, par suite
d'un acte de la volonté de l'opérateur et d'une manœuvre réflé-
chie ; dans les allumettes au phosphore, l'action du soleil. le
moindre choc, peuvent déterminer l'inflammation. Enfin, le crime
n'a qu'une facilité trop grande de s'en servir pour l'appliquer à

ses coupables desseins. Sans doute, on ne saurait empêcher l'incendie volontaire; mais il est permis à la société de se demander si elle ne pourrait pas prévenir et empêcher l'empoisonnement.

Est-il donc étonnant que déjà douze compagnies d'assurances aient présenté au Sénat, sous forme de pétition, un acte d'accusation contre le phosphore, affirmant que les cas d'incendie ont triplé depuis 25 ans, et estimant à 3 millions la perte annuelle subie par les compagnies?

Dans un seul de nos départements, sur 7,000 sinistres constatés en dix ans, on en compte 240 dus à l'imprudence des enfants et 1,050 à celle des fumeurs. Dans le département du Haut-Rhin, en comparant deux périodes de 10 ans, on trouve que le nombre des incendies dus à l'imprudence des enfants s'est élevé de 19 à 75, presque de 1 à 4. Dans le même département, de 1834 à 1843, les pertes causées par 835 sinistres dépassèrent 6 millions de francs. De 1852 à 1861, 1,395 sinistres furent soldés par 14,367,344 fr. d'indemnités.

Je ne vous parlerai que pour mémoire des empoisonnements accidentels ou volontaires dont la statistique est encore malheureusement fort incomplète, mais dont chaque cas est généralement suivi de mort.

Il serait inutile de nier la gravité de tous ces faits : ils sont tous de nature à éveiller les justes préoccupations de l'autorité. Sans doute, on peut et on doit pousser jusqu'au scrupule le respect de la liberté du commerce et de l'industrie ; mais il faut aussi reconnaître qu'il y a de l'autre côté la vie des ouvriers, la diffusion d'un poison violent qu'on rencontre jusque dans les habitations les plus modestes, et enfin l'accroissement certain des chances d'incendie.

C'est pour remédier, au moins en partie, à ces nombreux inconvénients, qu'on proposa l'emploi du phosphore rouge, cet état allotropique du phosphore si différent du premier qu'on admettrait facilement l'existence d'une autre espèce chimique. On peut en juger par le tableau comparatif suivant :

Phosphore ordinaire.	*Phosphore allotropique.*
Incolore.	Rouge.
Cristallisé.	Amorphe.
S'oxyde à l'air.	Inaltérable à l'air.
Soluble dans les huiles et le sulfure de carbone.	Insoluble.
Fond à 44°.	Fond à 250°.
Attaqué par l'acide nitrique.	Résiste à l'acide nitrique.
Se combine au soufre avec explosion.	Ne se combine pas au soufre.
S'enflamme à 75°.	S'enflamme à 260°.
Lumineux dans l'obscurité.	Non lumineux.
Vénéneux.	Non vénéneux.

Le prix élevé du phosphore rouge est encore à présent un obstacle à son emploi dans la fabrication.

C'est encore dans le même but qu'on a inventé tout récemment l'allumette dite androgyne. C'est en quelque sorte l'allumette dédoublée. Le combustible est à un bout, le comburant à l'autre extrémité. On brise, pour s'en servir, la tige en deux parties inégales qu'on frotte l'une contre l'autre.

En Suède, on garnit la tige de la pâte au chlorate ; un frottoir garni de phosphore rouge et de verre pilé fournit le corps combustible.

Enfin on en est venu au seul moyen de résoudre la question par une mesure décisive : on a supprimé le phosphore blanc ou rouge. La tige soufrée est garnie d'une pâte composée de chlorate, de sulfure d'antimoine, d'oxyde puce de plomb et de gomme. Le frottoir est garni de la même composition.

Voilà , Messieurs, ce que c'est que la combustion.

Tels sont les principes sur lesquels sont fondés les appareils les plus compliqués, comme aussi les plus usuels et les plus vulgaires. Tels sont les progrès les plus récents qu'ont faits les procédés destinés à procurer à l'homme de la lumière et du feu.

Mais si la température, au lieu de s'élever à 500 ou 600°, ne dépasse pas 40° ou même 15°, le phénomène, tout en restant phénomène de combustion, change, non pas de nature, mais d'apparence ; au lieu de durer quelques secondes, il durera des jours, des mois, des années. Si à 15° un hectare de terre labourée, fumée moyennement et de 8 centimètres de profondeur, dégage par hectare 160 mètres cubes d'acide carbonique, c'est à 40° que s'accomplissent les phénomènes de la combustion, de la respiration et de la vie chez les animaux supérieurs.

Voulez-vous maintenant poursuivre jusque dans les phénomènes de la vie animale le développement de cette théorie double de la respiration et de la combustion ? rien n'est plus facile, comme aussi rien n'est plus intéressant. Pourquoi une cheminée fume-t-elle, comme on dit ? pourquoi les mèches de lampes en mauvais état sont-elles rouges et fumeuses ? Il y a deux motifs : insuffisance d'air ou excès de combustible. Pourquoi dans l'économie la pierre, la gravelle, les calculs urinaires ? C'est que vous faites fumer la cheminée animale par un excès d'alimentation, un régime trop substantiel ou un excès de boissons alcooliques. Dans le sang ainsi surchargé de combustibles qui ne peuvent brûler faute d'air ou d'oxygène, c'est de l'acide urique que le rein élimine, et non plus de l'urée. Or. l'urée est bien plus oxygénée que l'acide urique L'acide urique, c'est donc la fumée qui se dépose, ne pouvant s'éliminer.

De l'ensemble de tous ces faits résulte un véritable triomphe de la science et du génie sur la matière. Ce fut une immense révolution dans les idées, révolution consacrée par l'expérience dans le passé et le présent. Dans les derniers jours du mois de juillet 1774, la chimie n'existait pas encore. Quelques mois s'écoulent, et nous nous trouvons soudain en présence de cette science nouvelle qui aujourd'hui réforme ou crée l'industrie, régit la pharmacie en refaisant son codex, et vient s'imposer à l'agriculture aussi bien qu'à la thérapeutique.

Mais aussi c'est que tout est changé. Ce ne sont plus les quatre éléments d'Aristote ou les six éléments de Lefèvre ; ce n'est plus une matière inconnue, obéissant au hasard, à l'influence des constellations, et par suite trop souvent complice des intérêts terrestres de l'astrologie ; ce n'est plus même la terre vitrifiable, la terre combustible, la terre mercurielle de Bécher et de Stahl. D'un côté, c'est la matière avec sa passivité et son inertie ; de l'autre côté, c'est la force qui met cette matière en mouvement ; ce sont le mobile, le moteur, le mouvement ; ce sont enfin les lois de ce mouvement. Mais ici il ne s'agit plus des conditions habituelles de la mécanique. S'il était question d'un problème ordinaire, étant données la force et la matière, connaissant le déplacement du point matériel pendant l'unité de temps, on déterminerait, au moyen du calcul, la loi du mouvement. Dans l'espèce, le caractère essentiel des phenomènes qui nous occupent est la nécessité du contact entre les éléments réagissants, c'est-à-dire l'annihilation de toute distance entre les particules matérielles mises en rapport. Il ne faut donc pas s'étonner qu'aux forces ordinaires, intervenant comme cause intérieure de perturbation et de mouvement, viennent s'adjoindre des forces particulières déterminées par le contact, naissant et cessant avec lui. Mais, le fait chimique de métamorphose accompli, la combinaison opérée, les éléments mis en mouvement par ces forces perturbatrices rentrent dans un état permanent d'équilibre et de repos. C'est là ce qui assure la durée de la combinaison. Mais ces forces, quelles sont-elles ? Elles sont de trois espèces : mécaniques, physiques, chimiques.

1° Forces mécaniques : pesanteur, compression, dilatation, division ou pulvérisation.

2° Forces physiques : chaleur, lumière, électricité, magnétisme, électro-magnétisme.

3° Forces chimiques ou de contact : cohésion, affinité, force de dissolution, force cristallogénique, action de masse, de présence.

A côté de ces forces et du mouvement par elles imprimé à la matière, il y a les lois de ce mouvement. Si l'analyse de Lavoisier nous fait distinguer dans le phénomène de la combustion le corps comburant, le corps combustible, et en troisième lieu les produits de la combustion ; si l'expérience et le raisonnement sont d'accord pour établir la nécessité d'un milieu comburant gazeux, c'est-à-dire dépourvu de cohésion et de produits de combustion également gazeux, c'est-à-dire volatiles, et en tout cas facilement éliminables, la balance est là pour nous apprendre que rien ne se perd et rien ne se crée ; que la somme des poids des produits obtenus est égale à la somme des poids des éléments employés. De cette idée fondamentale, sanctionnée par le contrôle de la balance, surgit de suite une idée nouvelle dans l'esprit des observateurs : la notion des rapports de quantité, soit en poids, soit en volume, et bientôt Wenzel (1777), Richter et Bergmann (1792), Berzélius, Dalton, Wollaston, Gay-Lussac, Dulong et Petit, Mitscherlich et Faraday, dans ces dernières années, firent sortir de leurs merveilleuses expériences la loi des proportions multiples, la loi des équivalents, la loi du rapport simple, dans un même genre de sels, de l'oxygène de l'acide à l'oxygène de la base, la loi des volumes, la loi des chaleurs spécifiques, la loi de l'isomorphisme, la loi des équivalents électriques.

Examinons maintenant la matière chimique à laquelle s'appliquent ces forces, et dont les lois mentionnées tout à l'heure régissent le mouvement. Comment se présente-t-elle à nos regards ? Deux grandes catégories se la partagent : les corps simples et les corps composés ; les corps simples ou espèces chimiques séparées des corps mixtes ou composés par l'analyse, et pouvant par leur combinaison 2 à 2, 3 à 3, 4 à 4, rarement plus, reproduire synthétiquement les corps composés que nous trouvons dans la nature. Si le nombre des corps composés est illimité pour ainsi dire, il n'en est pas de même pour les corps simples ; 60 et quelques espèces suffisent. Parmi elles, 45 environ nous présentent la couleur, l'éclat, la densité, la conductibilité, l'élasticité, la ténacité, l'ensemble des propriétés physiques spéciales aux métaux usuels. Avec l'oxygène, elles donnent généralement naissance à des bases. Les 15 autres ne présentent quelques-uns de ces caractères que pour les corps limites iode, arsenic, antimoine, osmium, carbone, et donnent généralement naissance, par leur combinaison avec l'oxygène, à des acides. Il y a plus: certains rapports d'analogies saillantes ont permis d'y déterminer des familles naturelles analogues à celles de la botanique, et dont l'oxygène, le soufre, l'hydrogène, le chlore, le phosphore, et le carbone, le potassium, le magnésium, le fer, le cuivre, le plomb et l'or représentent les types principaux.

Les corps composés se partagent en trois catégories : acides et bases caractérisés par leur action sur les matières colorantes solubles d'origine végétale, puis enfin en sels résultant de l'union des acides et des bases.

Ce n'est pas tout. Comment exprimer dans le langage parlé ou écrit cette multitude de faits qui se pressent et se multiplient autour de nous ? Le langage ordinaire ne suffisant pas, il fallut en créer un tout spécial. On ressentit bien vite la nécessité d'une langue appropriée, basée sur des conventions simples et logiques, et prêtant l'élasticité de son cadre non-seulement à la représentation des faits connus, mais encore à la prévision des faits à venir. Guyton-Morveau et la commission de l'Institut créent la nomenclature dite Guytonienne, du nom de celui qui y prit la plus large part. On donna une valeur à l'ordre des mots, un sens à l'arrangement et à la nature des syllabes, une signification à la désinence. Il en résulta un langage de convention qui, malgré quelques défectuosités inhérentes à toute œuvre humaine, malgré même une étrangeté apparente, est et restera un modèle de simplicité et de logique, de précision, de méthode et de clarté. Bientôt enfin on reconnaît l'importance un peu exagérée qu'on a été conduit naturellement à attribuer à l'oxygène, et la découverte des hydracides vint modifier dans le sens le plus large ce que la théorie et par suite la nomenclature avaient de trop exclusif.

Mais voici qu'à côté de cette chimie s'exerçant sur 60 et quelques espèces, à peine créée et cependant déjà vieillie, s'élève une autre branche de la science. Celle-ci se distingue de la première en ce que 4 corps simples, 4 espèces, suffisent à ses investigations : c'est la chimie du carbone, de l'hydrogène, de l'oxygène et de l'azote : du carbone, qui pèse 6 de l'oxygène ou 8 de l'azote, ou 14; de l'hydrogène, qui pèse 1.—1, 6, 8 et 14, auxquels on peut ajouter 16 de soufre et 35,5 de chlore : tels sont les pivots numériques sur lesquels roule tout un système nouveau de phénomènes caractérisés par l'infinie multiplicité des formes et l'étonnante mobilité des éléments. Unissez le carbone à l'hydrogène, vous avez ces hydrocarbures que produit l'industrie, que fournissent les profondeurs de la terre, que sécrète le calice des fleurs, et dont la combustion lente à l'air fournit la somme de chaleur nécessaire à la maturation du fruit et à la reproduction de l'espèce. Ajoutez-y de l'oxygène et de l'hydrogène dans les proportions de l'eau, vous avez les hydrates de carbone, c'est-à-dire le tissu cellulaire, les amidons, les gommes, les sucres. Faites intervenir l'azote dans cette molécule déjà ternaire, vous avez les tissus animaux et végétaux, la matière nerveuse et cérébrale, la fibrine, la caséine, l'albumine, l'urée, les ferments, les alcalis organiques naturels ou artificiels. En sorte que c'est la vie elle-même dont vous arrivez à étudier les divers phénomènes dans leurs plus mystérieuses manifestations. Eh bien ! Messieurs c'est encore à la théorie de la combustion et à la méthode de Lavoisier que cette chimie organique vient emprunter ses méthodes d'analyse et d'investigation aujourd'hui si parfaites. Il fallait bien brûler au moyen de l'oxygène ce charbon et cet hydrogène, les transformer en eau et en acide carbonique, peser ces deux produits de combustion, pour en déduire les rapports et la composition centésimale. Lavoisier employait une atmosphère d'oxygène ; Thénard, le chlorate de potasse; Gay-Lussac, Liebig, Dumas, portèrent le procédé à sa perfection en brûlant la matière au moyen de l'oxyde de cuivre ou du chromate de plomb, et terminant l'analyse, ou mieux la combustion, dans un courant d'oxygène pur et sec.

Ce sont là, Messieurs, les horizons de la chimie moderne. Elle nous apparaît avec sa matière, avec ses forces, avec ses lois, avec sa nomenclature, découvrant les faits, les étudiant, les expliquant, ne connaissant que deux procédés, l'analyse et la synthèse; qu'un seul instrument, la balance.

A coup sûr, Messieurs, nous voici bien loin de notre point de départ, débarrassés que nous sommes des épaisses ténèbres dissipées par le *fiat lux* de Lavoisier. Il était nécessaire, pour mieux en faire ressortir la splendeur, d'opposer le présent au passé, l'ordre et la méthode au chaos, la lumière aux ténèbres, la vérité à l'erreur. Quelles que soient la rapidité et la concision de cet exposé général, il est cependant assez complet pour que vous puissiez, à travers ses différentes phases, suivre à sa trace lumineuse l'influence dominatrice de la méthode et de la théorie de Lavoisier. Mesurer et peser, c'est là le fond de la doctrine. Mesurer et peser, c'est savoir.

Pourquoi donc cette merveilleuse conception du génie n'a-t-elle pas de suite triomphé? Pourquoi ces obstacles et ces difficultés de toute nature qui tentèrent, dans les premières années, de se dresser devant elle? Les faits répondront eux-mêmes.

Elève enthousiaste et commentateur de Bécher, Stahl, né à Anspach en 1660, mort en 1734, fut l'auteur d'une théorie rivale et presque contemporaine de celle de Lavoisier. Il n'y a entre les deux théories qu'un peu plus de 30 ans d'intervalle, et la théorie de Stahl régnait encore en souveraine en 1774 : chose bien remarquable, et qui prouve à quel point il faut se défier, dans les sciences expérimentales, de toute interprétation qui n'est pas *rigoureusement* appuyée sur les faits. Il ne tint qu'à Stahl de découvrir l'oxygène. Il eut au moins entre les mains tous les éléments de la découverte. Il est vraiment étonnant de le voir insister avec tant de soin sur toutes les propriétés diverses de la matière, et n'en négliger qu'une seule, la plus importante peut-être, la *pesanteur*. C'est là, au contraire, l'honneur éternel du nom de Lavoisier.

Déjà Bécher avait établi la notion des corps indécomposables et des corps composés. C'est à lui qu'on doit également la doctrine des trois terres : la terre vitrifiable, la terre combustible, la terre mercurielle. Ces terres ne sont autre chose que des genres composés de diverses espèces fusibles, inflammables, métalliques. Lisez les *Experimenta et observationes* ; lisez les *Fundamenta chymiæ dogmaticæ et experimentalis* ; lisez surtout le traité des sels et celui du soufre, et vous arrivez inévitablement à cette conclusion : Stahl connaissait les rapports qui unissent un métal à son oxyde ; il connaissait également l'opération inverse, ou la réduction et l'utilité de l'élément combustible ou charbon, comme aussi la nécessité de l'intervention de l'air. Voulez-vous avoir de la théorie du phlogistique une idée précise? prenez le contre-pied de la théorie de Lavoisier.

Les corps combustibles : charbon, soufre, hydrogène, sont riches en phlogistique, et, en brûlant à l'air, ils perdent tout ou partie de leur phlogistique, en sorte qu'ils en dégagent d'autant plus qu'ils sont plus inflammables et combustibles.

Un métal est une chaux ou oxyde métallique combiné avec du phlogistique.

Un oxyde est, au contraire, un métal déphlogistiqué ; les corps combustibles sont des phlogistiquants. Si les oxydes de plomb et d'étain, chauffés avec du charbon, nous donnent le métal, c'est que le charbon, en brûlant à l'air, abandonnait son phlogistique, dont l'oxyde s'emparait aussitôt. La combustion, dans les idées de Stahl, était donc la séparation du phlogistique d'avec des principes qui, à l'état de combinaison, constituaient un mixte.

Vous le voyez donc bien : il eût fallu à Stahl, pour arriver à la vérité, peser et mesurer les produits employés et les produits obtenus. Il n'eût pas tardé à s'adresser à lui-même une objection sans réplique.

Le plomb, qui s'oxyde en perdant de son phlogistique, pèse plus après cette perte qu'il ne pesait avant.

Donc la *perte* d'un de ses éléments lui fait acquérir un poids plus considérable.

En sens inverse, la chaux de plomb ou l'oxyde de plomb réduit par le charbon, dont il a pris le phlogistique, devrait peser plus après qu'avant, puisqu'il a absorbé le phlogistique ; et pourtant le plomb réduit pèse moins que l'oxyde.

Qu'était-ce donc, à proprement parler, que le phlogistique ? Ce n'était pas l'oxygène, ce n'était pas non plus le soufre. Stahl ne l'a jamais ni vu ni isolé. Il le trouve presque pur dans le noir de fumée ; mais il ne dit nulle part qu'il y existât à l'état de pureté. A mesure que les objections, fondées sur la considération si importante des poids, se formulent, on voit les phlogisticiens trouver dans le gaz inflammable un phlogistique plus pur. Bientôt le phlogistique devient la vraie et pure matière du feu , presque la lumière.

Combinée dans un mixte, c'est-à-dire dans un oxyde, elle est latente, c'est-à-dire insensible à nos organes. Vient-on à la séparer du mixte *en présence de l'air*, elle se manifeste à nos sens par le phénomène de chaleur et de lumière qui constitue le feu.

Qu'est-ce que la flamme ? Elle se produit lorsque, pendant le dégagement du phlogistique, en présence de l'air, il se sépare de l'eau. Cette eau, réduite eu vapeur, projette le feu dans l'air : de là vient la flamme

Stahl, vous le voyez, connaissait très-bien la nécessité de l'intervention de l'air dans les phénomènes de combustion , tout comme il connaissait l'augmentation de poids par la perte du phlogistique et la diminution de poids due à l'absorption de ce principe.

Mais ce fut à ses disciples qu'incomba la rude tâche de répondre à l'objection. On proposa d'admettre que le phlogistique, au lieu d'être matériel et pesant, eût une tendance à s'éloigner du centre de la terre ; en d'autres termes, qu'il eût un poids négatif. Ce fut bien pis quand Lavoisier vint, dans l'un de ses immortels mémoires, discuter les phases de la décomposition des oxydes d'argent, et démontrer que la chaleur seule en séparait l'oxygène, sans l'intervention d'aucun produit phlogistiquant. Le phlogistique avait changé de ton ; il demandait grâce par la bouche de Macquer : « Laissez-moi croire que si le mercure et l'argent peuvent se passer du contact du charbon, il est au moins nécessaire qu'il *voie* les charbons incandescents. » Ce fut là le dernier effort du phlogistique. L'erreur succombait enfin devant l'éclatante manifestation de la vérité.

Il ne faudrait point cependant refuser à Stahl et à sa doctrine la justice qui leur est due. C'était beaucoup que d'avoir introduit dans la science l'idée de corps indécomposés, c'est-à-dire d'espèces et de mixtes ou corps composés ; ce sont encore les deux grandes divisions de la chimie. C'était beaucoup que d'avoir introduit la notion de la terre vitrifiable, combustible et mercurielle, impliquant dans chacune de ces trois catégories la notion de l'espèce cachée sous les formes diverses que pouvait prendre la matière.

La doctrine du phlogistique présentera donc toujours aux esprits curieux des choses naturelles un véritable intérêt. Elle correspond à la fin de la lutte entre la scholastique et l'expérimentation. La date de sa chute est celle de la fondation de la chimie et du triomphe de la vérité.

Pour nous, Messieurs, félicitons-nous de vivre à une époque où il nous est donné de pouvoir étudier, comprendre et admirer ces grandes choses, à une époque où nous voyons descendre du trône l'amour de la science et l'exemple du travail. Rendons grâces à LL. EExc. MM. Rouland et Duruy, ministres de l'instruction publique, dont la généreuse initiative, en publiant, sous le patronage de l'Etat, les œuvres de Lavoisier, a doté la science d'un monument historique, et les chimistes de leur évangile. C'est dans la lecture de ces pages immortelles que tous, maîtres illustres ou humbles élèves, nous avons puisé, pour en transmettre la tradition intacte aux générations nouvelles, avec l'amour de la chimie, la vénération la plus profonde pour le nom de Lavoisier.

Poitiers. — Typ. de A. Dupré.